画中听乐

01/52

SPRING

1
月
Jan.

元旦
1
日 / Sunday

2
一 / Monday

3
二 / Tuesday

4
三 / Wednesday

小寒
5
四 / Thursday

6
五 / Friday

7
六 / Saturday

在汉代，有一种全民娱乐叫百戏。『百』就是多的意思，魔术、杂技、器乐歌舞、戏剧样样俱全，人人都爱看。据说汉武帝非常喜欢，还经常邀请外国使节共赏。这幅壁画描绘了百戏表演的精彩瞬间，里面有敲鼓的（画面中间）、倒立的、扔球的、抛飞轮的、耍大刀的、展示抓举平衡术的，真是让人目不暇接！

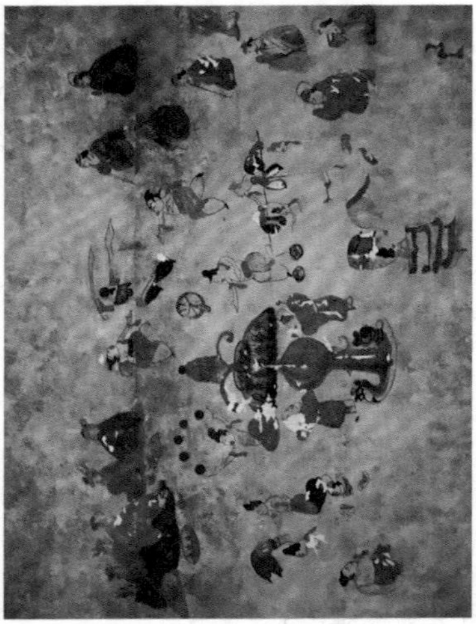

【东汉】
《乐舞百戏图》
内蒙古和林格尔墓墓室壁画

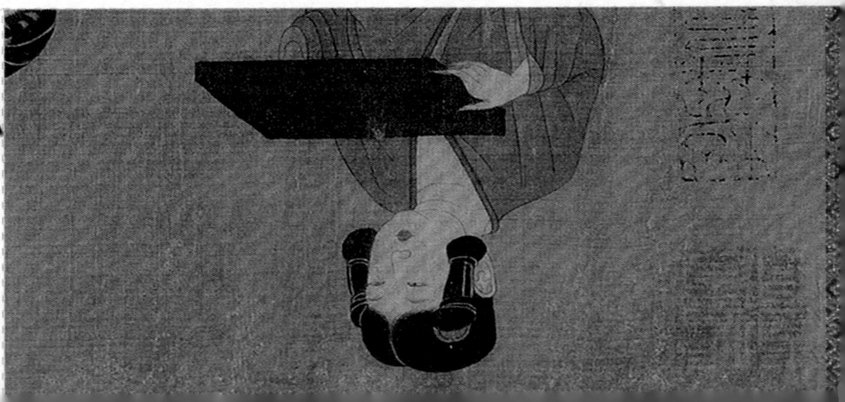

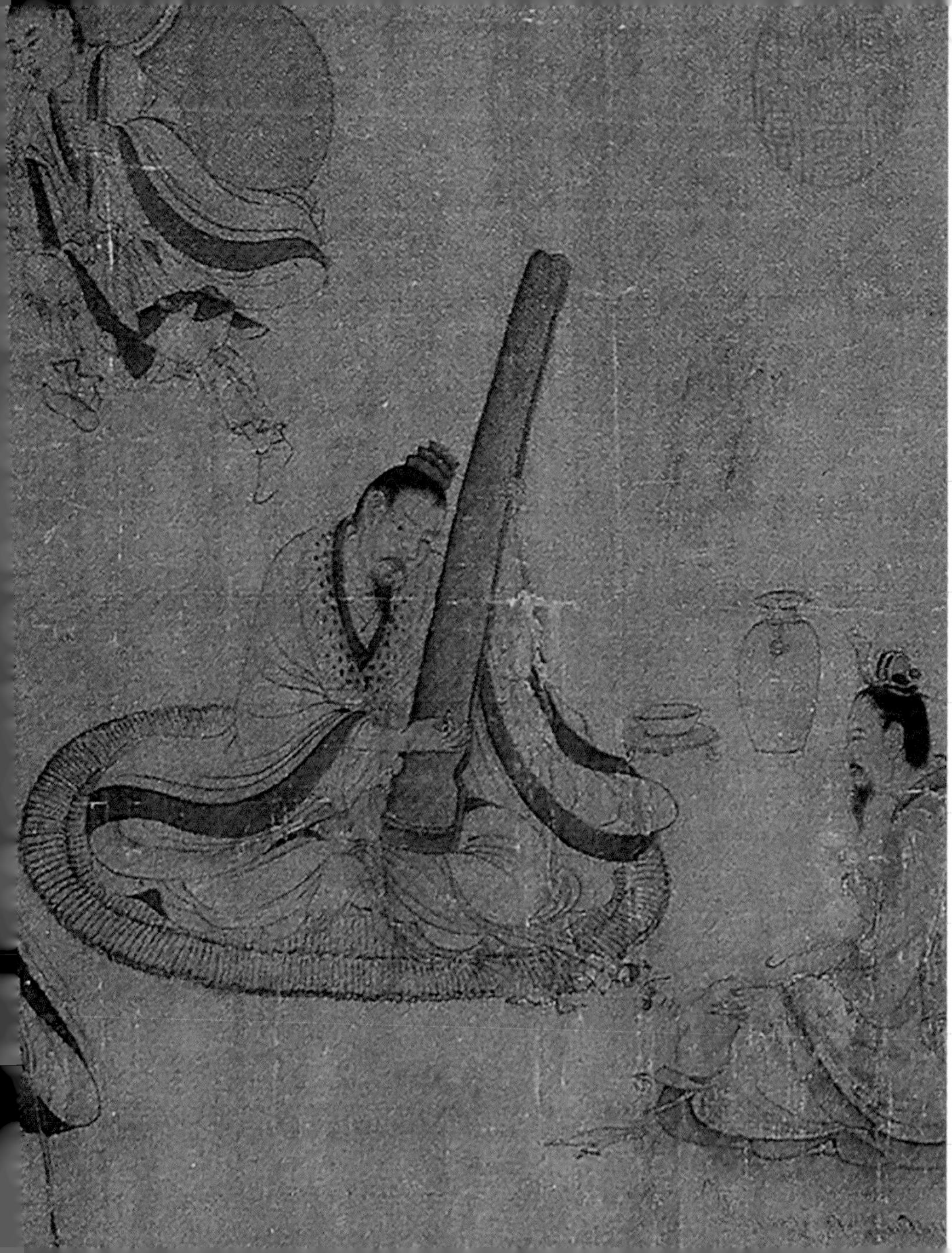

画中听乐

02/52

SPRING

1
月

Jan.

日 / Sunday 8

一 / Monday 9

二 / Tuesday 10

三 / Wednesday 11

四 / Thursday 12

五 / Friday 13

六 / Saturday 14

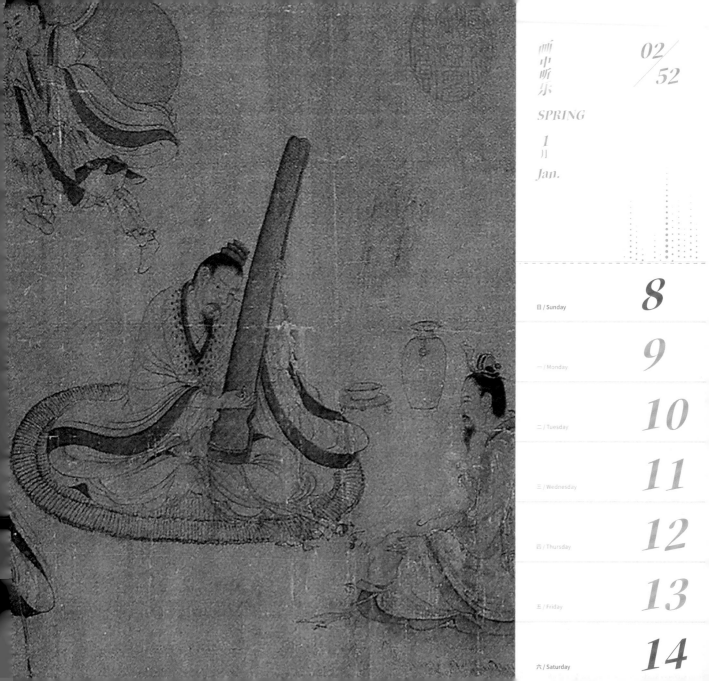

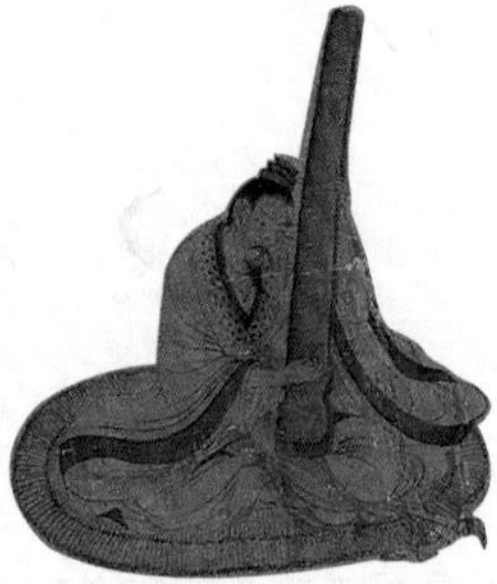

【东晋】顾恺之（传）
《斫[zhuó]琴图》（宋代摹本）
北京故宫博物院藏

《斫琴图》是迄今唯一可见的描绘制琴过程的古画。琴是古代文人修身养性的器物，画中的十四位文人学士气质儒雅、清俊飘逸，他们中有的在断板，有的在制弦，有的在试琴，有的在一旁静静观看，大家都非常认真，沉浸其中，期待着一把好琴的诞生，每一把琴都凝结着文人独特的生命之气。

画中听乐

03/52

SPRING

1
月
Jan.

15
日 / Sunday

16
一 / Monday

17
二 / Tuesday

18
三 / Wednesday

19
四 / Thursday

大寒
20
五 / Friday

除夕
21
六 / Saturday

这幅画乍一看有点像一场淑女小派对，其实是宫中女艺人在玩乐。大家可别小看这些姑娘们，她们可都是唐代顶尖的音乐家！画中，她们围坐在桌子四周，有的正在演奏琵琶、筚篥、笙等乐器，有的可能刚演奏完，在喝茶休息，桌子下的宠物小狗悠然地躺着，仿佛也陶醉其中。

【唐】佚名
《唐人宫乐图》
台北『故宫博物院』藏

画中听乐

04/52

SPRING

1
月
Jan.

春节

22
日 / Sunday

23
一 / Monday

24
二 / Tuesday

25
三 / Wednesday

26
四 / Thursday

27
五 / Friday

28
六 / Saturday

『呦呦鹿鸣，食野之苹。我有嘉宾，鼓瑟吹笙。』《诗经》中提到的笙是我国非常古老的吹奏乐器，它的重要发音装置——簧片，据说是女娲创造的。个大、簧多的笙，古称『竽』，先秦时期特别流行，齐宣王就是竽的狂热拥趸，为此组建了有三百号人的庞大吹竽乐队，以至于混进了『滥竽充数』的南郭先生。18 世纪，笙传入欧洲，并因此催生了风琴类的乐器。

【中唐】
《吹笙图》
敦煌莫高窟第 154 窟壁画

画中听乐

05/52

SPRING

1 月 Jan.

2 月 Feb.

日 / Sunday	29
一 / Monday	30
二 / Tuesday	31
三 / Wednesday	1
四 / Thursday	2
五 / Friday	3
立春 六 / Saturday	4

唐代的国家交响乐队是一个荟萃中西文化的融合音乐天团，敦煌壁画的这个局部就再现了当时的盛况。席地而坐的演奏家们来自不同的国家和民族，有着不同的肤色，乐器也是中西合璧，既有中原的笛、箫，也有从西域传入的琵琶、羯鼓。正所谓无问西东，海纳百川，大唐的了不起就在于它包容的精神和开放的姿态！

【唐】

敦煌壁画《药师经变》之《乐舞壁画》局部

敦煌莫高窟第 220 窟北壁

画中听乐

06/52

SPRING

2月

Feb.

元宵节

5

日 / Sunday

6

一 / Monday

7

二 / Tuesday

8

三 / Wednesday

9

四 / Thursday

10

五 / Friday

11

六 / Saturday

这幅壁画描绘的是李唐王朝的国家交响乐团奏乐的场景。唐玄宗是个帝王级的音乐爱好者，他在宫中设立梨园，云集最顶尖的音乐家，并亲自担任艺术总监，指导乐团的演奏与创作，把唐代音乐艺术推向了高峰。画中的音乐家们手捧着琵琶、笙、笛子、夹板等乐器，在指挥的带领下奏响华美乐章。

【唐】
乐舞壁画
西安苏思勖墓出土

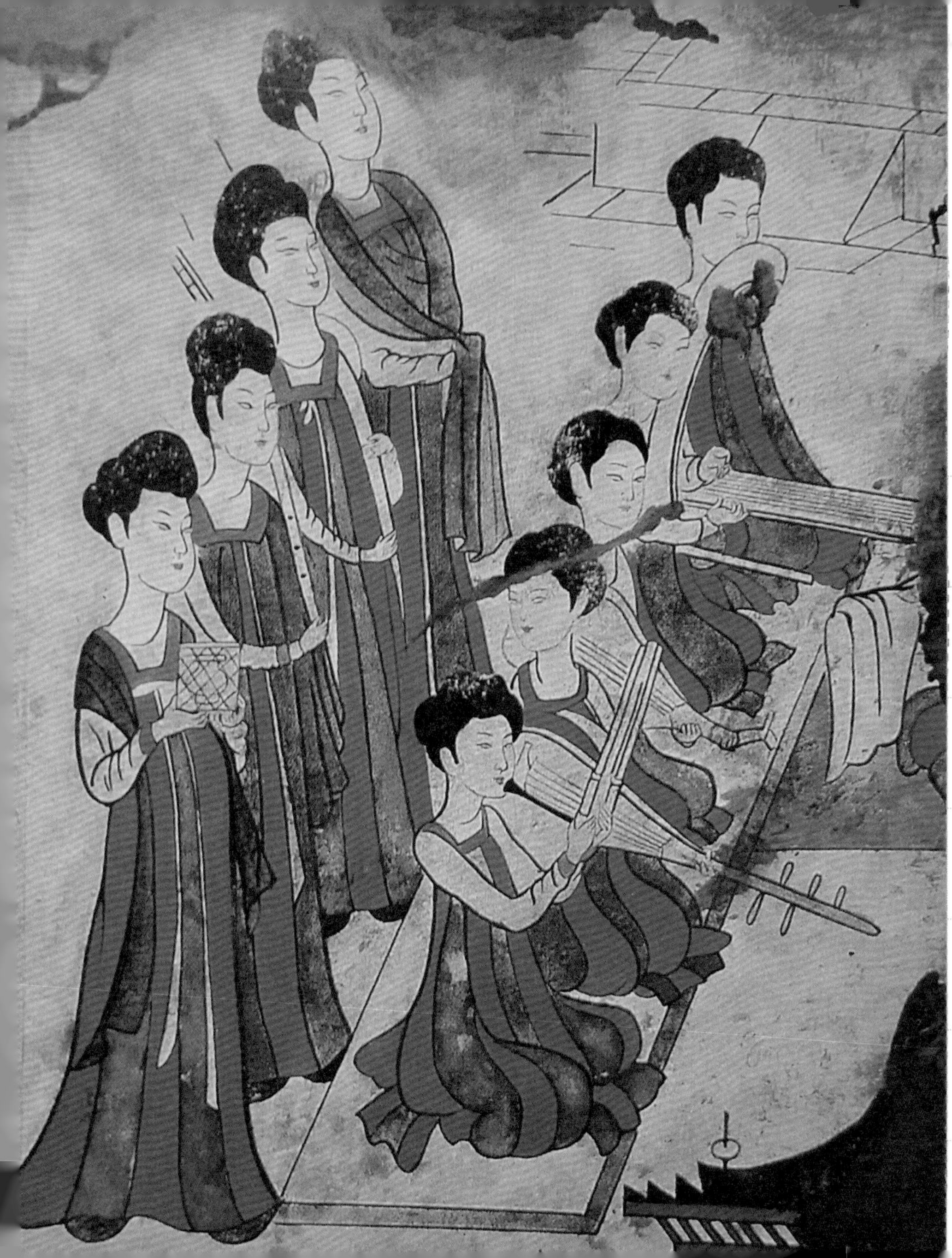

画中听乐

07/52

SPRING

2
月
Feb.

日 / Sunday 12

一 / Monday 13

二 / Tuesday 14

三 / Wednesday 15

四 / Thursday 16

五 / Friday 17

六 / Saturday 18

李唐王朝的国家交响乐团既有男子乐队，也有女子乐队。梨园教坊中的女艺术家个个气质高贵、技艺绝佳，在唐玄宗时代，她们待遇优渥，受人尊敬，还时常能得到皇帝的亲自指点，共同研习和探讨音乐艺术，奏响唐代歌舞音乐的优美篇章。

【唐】李寿墓乐舞壁画

画中听乐

08/52

SPRING

2月

Feb.

雨水

19
日 / Sunday

20
一 / Monday

21
二 / Tuesday

22
三 / Wednesday

23
四 / Thursday

24
五 / Friday

25
六 / Saturday

在一个桂花飘香的晴朗日子里，几个美丽的唐代仕女坐在花园里弹琴喝茶，肩上的披纱在微风中滑落，更添慵懒的情致。宫女送来了刚沏好的茗茶，弹琴的仕女大概是看到弦松了，停下来调整琴弦。优雅的格调从画面中散发出来，尽显大唐仕女的娴静高雅。

【唐】周昉（传）

《调琴啜 [chuò] 茗图》

美国纳尔逊·艾金斯艺术博物馆藏

画中听乐

09/52

SPRING

2月 Feb.　3月 Mar.

26 日 / Sunday

27 一 / Monday

28 二 / Tuesday

1 三 / Wednesday

2 四 / Thursday

3 五 / Friday

4 六 / Saturday

宋国夫人是晚唐名将张议潮的妻子，张议潮击退吐蕃，收复唐朝失地有功，被封在敦煌任河西节度使检校司空兼御史大夫，他的妻子也被封为宋国河内郡夫人，简称『宋国夫人』。壁画描绘了尊贵的节度使夫人出行游玩的盛大场面，随行队伍中还有歌舞百戏表演，好生热闹。

【唐】
敦煌壁画
《宋国河内郡夫人宋氏出行图》乐舞局部
敦煌莫高窟第 156 窟北壁下

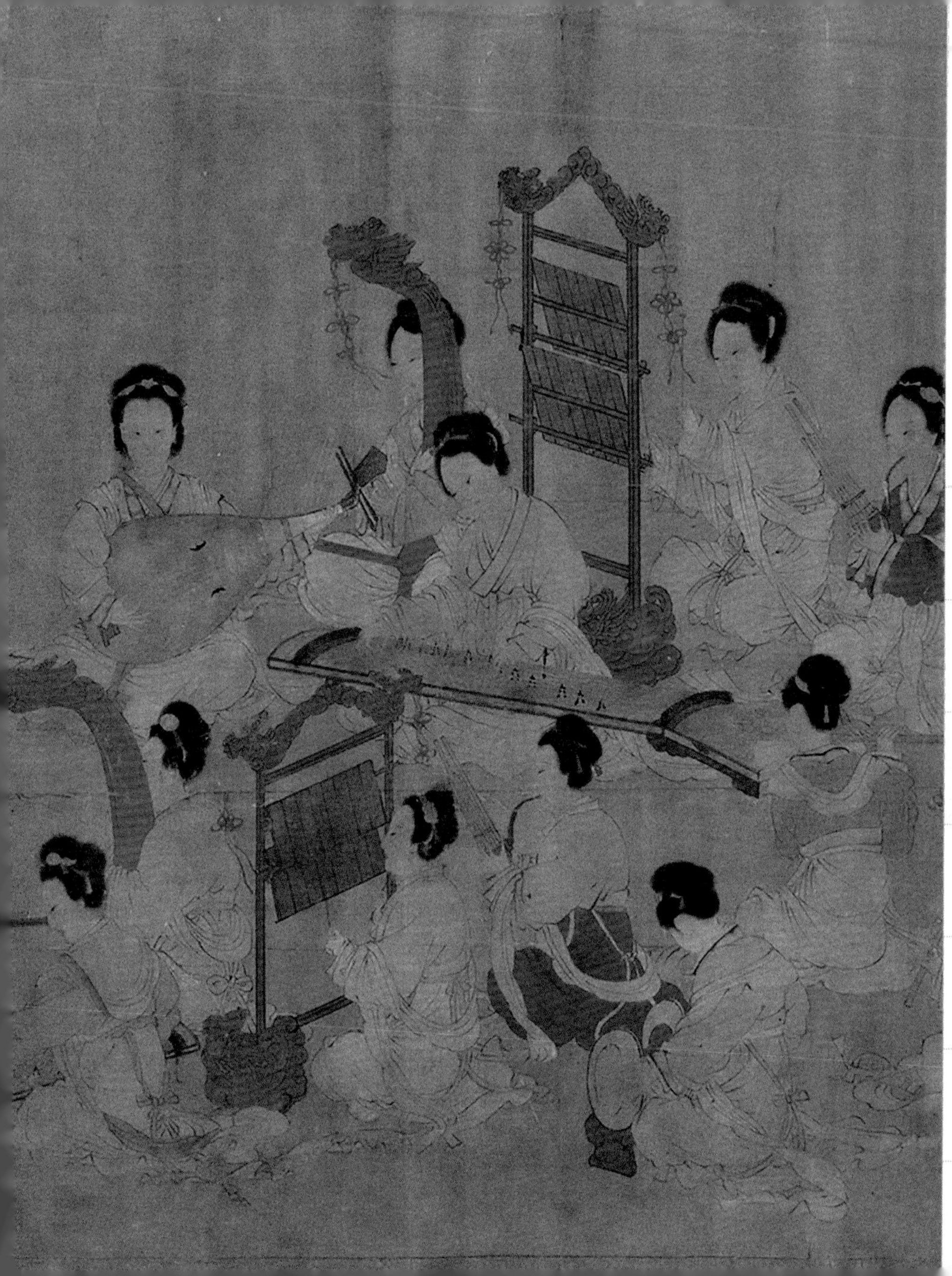

画中听乐

10/52

SPRING

3
月

Mar.

5

日 / Sunday

惊蛰

6

一 / Monday

7

二 / Tuesday

妇女节

8

三 / Wednesday

9

四 / Thursday

10

五 / Friday

11

六 / Saturday

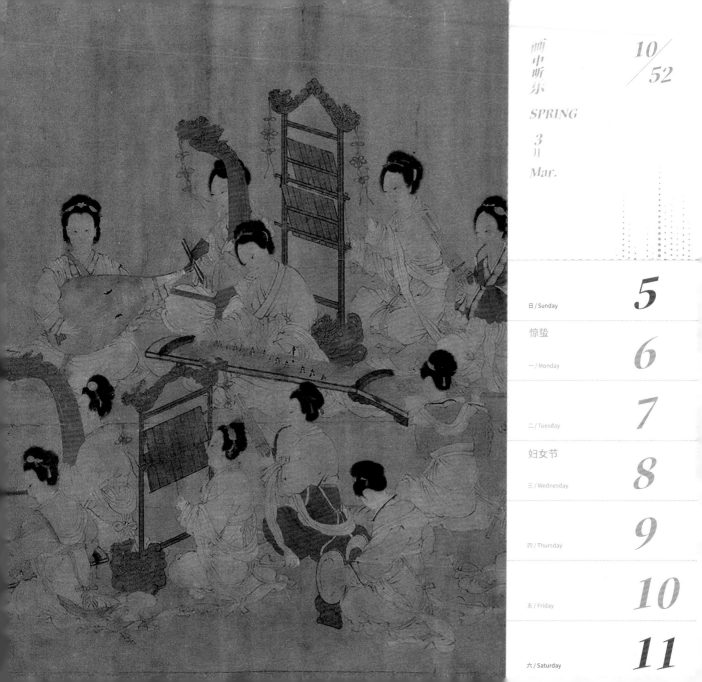

南唐高官韩熙载非常喜欢音乐，常在家里开『沙龙』。画中，韩熙载端坐在榻上，正在观赏小型女子乐队的表演。乐队中有拍板、建鼓、方响、筚篥、笛、笙、筝、箜篌、琵琶等乐器，从乐器配置来看，延续了唐代音乐的典型风格与样式。韩大人静心聆听，很是陶醉的样子，他身后的大树表明，这还是一场在户外进行的音乐会呢。

【五代】周文矩（传）
《合乐图》
美国芝加哥美术馆藏

画中听乐

11/52

SPRING

3
月

Mar.

植树节

12

日 / Sunday

13

一 / Monday

14

二 / Tuesday

15

三 / Wednesday

16

四 / Thursday

17

五 / Friday

18

六 / Saturday

这是发生在南唐高官韩熙载府上的一场私人音乐会，客厅里的每一个人都屏息聆听着一位琵琶艺术家的演奏，目光聚焦在她灵巧多变的手指弹挑上。弹琵琶的艺术家名叫李姬，靠近她坐着的是其哥哥李佳明，时任教坊副史（相当于当代中央歌舞团副团长）。在场的宾客非富即贵，他们沉浸在曼妙的琴声中，在榻上坐着的韩熙载与新科状元郎粲已经听醉了。

【五代】顾闳中（传）
《韩熙载夜宴图》局部一
北京故宫博物院藏

画中听乐

12/52

SPRING

3 月

Mar.

日 / Sunday 19

一 / Monday 20

春分

二 / Tuesday 21

三 / Wednesday 22

四 / Thursday 23

五 / Friday 24

六 / Saturday 25

韩熙载府上的高级别音乐宴会自然少不了舞蹈家的身影，画中背对我们、脸庞微侧、正在摆动着绵软腰肢的正是舞蹈家王屋山，这支舞蹈的名字叫《绿腰》，是当时最著名的一种古典舞，可谓是古代的『青绿腰』。王屋山柔婉的舞姿引得宾客们都情不自禁地为她鼓起掌来，韩大人也亲自击鼓伴奏，音乐家舒雅打着夹板配合，新科状元郎粲在头等座席就座，享受极了。

【五代】顾闳中（传）
《韩熙载夜宴图》局部二
北京故宫博物院藏

画中听乐

13/52

SPRING

3 月 Mar.　4 月 Apr.

日 / Sunday	26
一 / Monday	27
二 / Tuesday	28
三 / Wednesday	29
四 / Thursday	30
五 / Friday	31
六 / Saturday	1

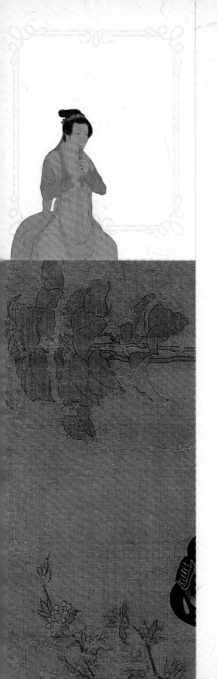

这是韩熙载家庭音乐夜宴的另一个表演瞬间，六位艺术家正在演奏一段吹打小合奏。五位女艺术家所持乐器中，横吹的是竹笛，竖吹的是来自西域的筚篥（现在叫管子）。竹笛音色悠扬，筚篥气氛热烈，再加上旁边的夹板敲击节奏，可以想象这一定是一支风格活泼明朗的乐曲。

【五代】顾闳中（传）
《韩熙载夜宴图》局部三
北京故宫博物院藏

Prefer Listening to Music in Chinese Ancient Books and Paintings

画中听乐

2023 SUMMER

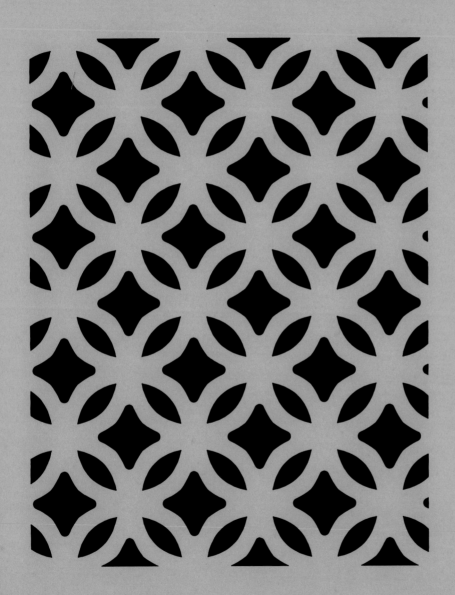

日 / Sunday	2
一 / Monday	3
二 / Tuesday	4
清明 三 / Wednesday	5
四 / Thursday	6
五 / Friday	7
六 / Saturday	8

车水马龙、熙熙攘攘、人头攒动，这个热闹的街区位于北宋的都城汴梁，与今天的都市一样，集购物、餐饮、娱乐于一体的大型商业中心分布在城市的繁华地带，宋代称之为『瓦舍』。街头艺人也纷纷来这里寻求商机，展示技艺。你看：画面中一大群人正围拢一处，聚精会神地听讲唱说书呢！可以想象，宋代说唱艺术的流行和受众的广泛。

【北宋】张择端
《清明上河图》局部
北京故宫博物院藏

画中听乐

15/52

SUMMER

4
月
Apr.

9
日 / Sunday

10
一 / Monday

11
二 / Tuesday

12
三 / Wednesday

13
四 / Thursday

14
五 / Friday

15
六 / Saturday

人们总爱用『知音』来形容友谊的最高境界，而关于知音的这个典故，最早就来自古琴大家俞伯牙的故事。俞伯牙琴艺高超，但总是叹息曲高和寡，无人能懂。直到有一天遇到了樵夫钟子期，无论伯牙演奏什么，他都能立刻领悟其中的神韵与情趣。只可惜钟子期因病早亡，伯牙痛失知音，便将琴摔碎，从此不弹。正所谓知音难觅，得一足矣啊！

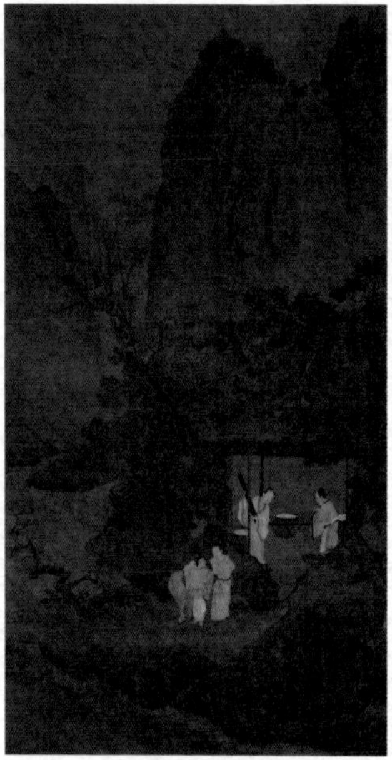

【南宋】刘松年（传）
《摔琴谢知音图》
美国弗利尔美术馆藏

画中听乐

16/52

SUMMER

4月

Apr.

16 日 / Sunday

17 一 / Monday

18 二 / Tuesday

19 三 / Wednesday

20 谷雨 四 / Thursday

21 五 / Friday

22 六 / Saturday

两千多年前的黄河流域，有一个叫豳国（今甘肃、陕西一带）的地方。那儿的老百姓过着男耕女织的田园生活，农闲时节便唱歌跳舞，自娱自乐，来个乡村音乐『小派对』。画中描绘的是七月时节，天气炎热，人们在家里一边饮酒吃瓜，一边观看歌舞乐队表演的欢乐场景。或许周而复始的劳作充满艰辛，但只要有音乐，便充满希望和快乐。

【南宋】马和之
《豳风图》之《七月》局部
北京故宫博物院藏

画中听乐

17/52

SUMMER

4
月

Apr.

23
日 / Sunday

24
一 / Monday

25
二 / Tuesday

26
三 / Wednesday

27
四 / Thursday

28
五 / Friday

29
六 / Saturday

宋词乃是一种可以入乐的城市流行歌谣，酒楼茶肆的歌女是主要的传唱者，宋词随着她们曼妙的歌调在大街小巷流传开来，构成了宋代城市生活的美丽风景。柳永、姜夔、李清照、晏殊等许多顶尖文人都是宋词圣手，其中柳永更是当时的词坛天王，人们都说凡有井水处，皆能歌柳词，可见他的作品有多火！这幅画描绘的便是宋代的歌手乐人排练唱曲的场景。

【南宋】佚名
《歌乐图》
上海博物馆藏

画中听乐

18/52

SUMMER

4月 Apr.

5月 May

30
日 / Sunday

劳动节
1
一 / Monday

2
二 / Tuesday

3
三 / Wednesday

青年节
4
四 / Thursday

5
五 / Friday

立夏
6
六 / Saturday

北宋诞生了我国最早的戏曲剧种『杂剧』，这是一种以风趣活泼的方式表演寻常熟事的民间戏剧，音乐大多来自北方民谣，并出现了简单的行当划分。画中，两位杂剧演员正在表演，扠手示敬，相互行礼。穿白色衣服的演员腰上别了一把扇子，上面写着『末色』二字，这就是杂剧的一个行当名称，而这种扇子也是这个行当的专用道具。

【南宋】佚名
《杂剧打花鼓图》
北京故宫博物院藏

画中听乐

19/52

SUMMER

5
月
May

日 / Sunday 7

一 / Monday 8

二 / Tuesday 9

三 / Wednesday 10

四 / Thursday 11

五 / Friday 12

六 / Saturday 13

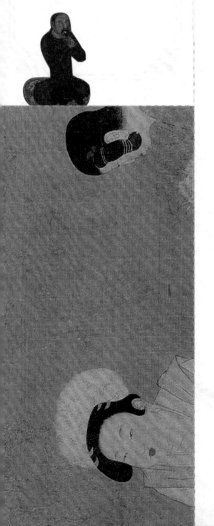

这是一个乱世中的名门闺秀漂流记。东汉末年，群雄逐鹿，匈奴趁乱打劫，汉家淑媛蔡文姬被掠去漠北做了匈奴王的女人，一去就是十二载，漠北的笳篥、琵琶之声更添思乡之情。曹操最终设法将她赎回，但远在塞外的孩子却又让人日夜思念。回望自己的戏剧人生，蔡文姬感慨万千，写就一部《胡笳十八拍》，幽怨深沉的曲调中浸润着一个汉家才女的生命叹息。

【南宋】李唐（传）

《文姬归汉图》

第七拍听乐

画中听乐

20/52

SUMMER

5月

May

母亲节

14

日 / Sunday

15

一 / Monday

16

二 / Tuesday

17

三 / Wednesday

国际博物馆日

18

四 / Thursday

19

五 / Friday

20

六 / Saturday

宋代活跃的商品经济催生了货郎这样的自由职业，他们推着小车走街串巷，一路唱起高亢悦耳的叫卖调。货架上的商品琳琅满目，吃的、玩的、用的应有尽有，是非常受人欢迎的移动便利小超市。小朋友们尤其兴奋，最爱围着货郎的小车东看西看。画中的这位货郎还卖乐器，琵琶、阮、古琴、拨浪鼓，你想要的他全有！

【北宋】苏汉臣（传）
《货郎图》轴局部
台北『故宫博物院』藏

画中听乐

21/52

SUMMER

5
月
May

小满

日 / Sunday 21

一 / Monday 22

二 / Tuesday 23

三 / Wednesday 24

四 / Thursday 25

五 / Friday 26

六 / Saturday 27

这是属于一个士大夫的休闲艺术时光，在雅致的私家花园中，他穿着家居服，靠在榻上，一边聆听阮乐，一边品赏书籍古董，美丽的仕女很会营造气氛，在一旁焚香、拈花、摇扇，时间在悠悠的乐声中悄然滑过，一切都是那么惬意，音乐让时光变得更加和谐迷人。

【南宋】李嵩
《听阮图》
台北『故宫博物院』藏

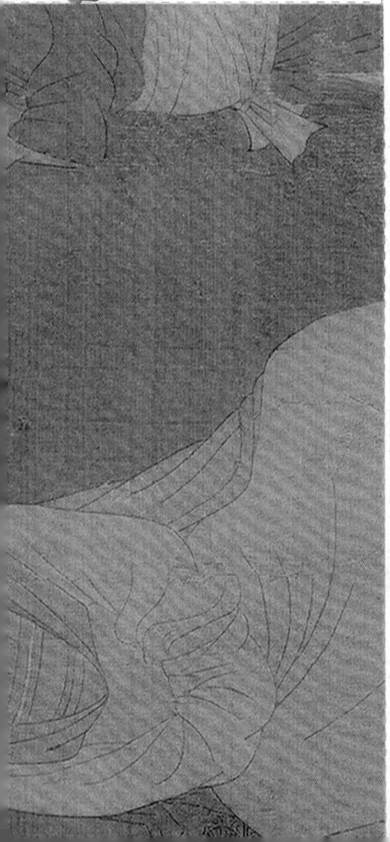

画中听乐

22/52

SUMMER

5月 May　6月 Jun.

日 / Sunday	28
一 / Monday	29
二 / Tuesday	30
三 / Wednesday	31
儿童节 四 / Thursday	1
五 / Friday	2
六 / Saturday	3

宋代是古琴发展的黄金时期，宋代皇帝中就有不少古琴爱好者，宋徽宗赵佶便是其中的代表。他搜集天下名琴，打造『万琴堂』，还设立古琴制造中心『官琴局』，研发古琴新款式。在这幅画中，松下抚琴者正是宋徽宗，他身穿道袍，一副气定神闲、超然世外的样子，另外还有两位官员在一旁欣赏他的演奏，传递出一种君臣和谐、互为知音的美好情态。

【北宋】赵佶

《听琴图》轴

北京故宫博物院藏

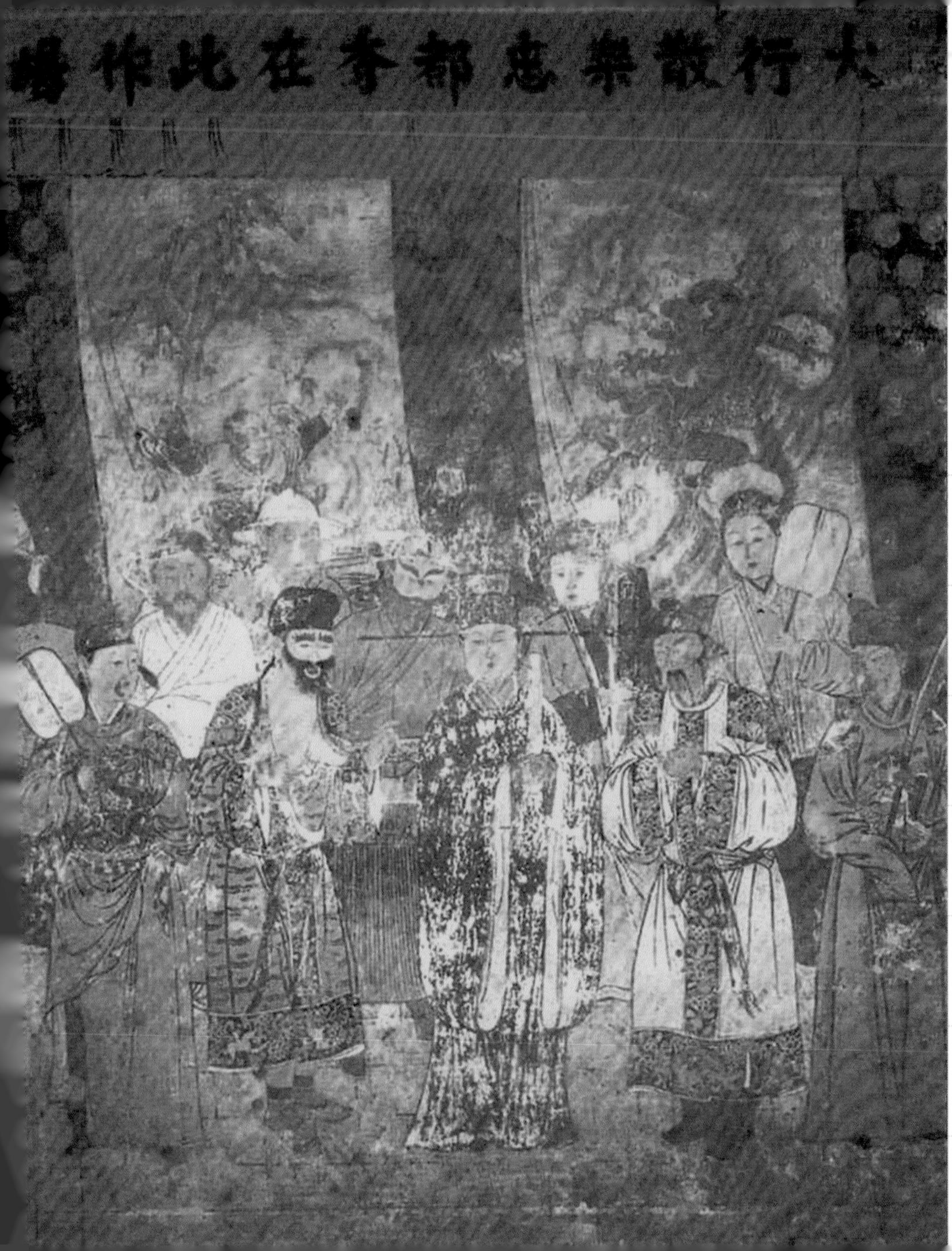

画中听乐

23/52

SUMMER

6月

Jun.

日 / Sunday **4**

一 / Monday **5**

芒种

二 / Tuesday **6**

三 / Wednesday **7**

四 / Thursday **8**

五 / Friday **9**

六 / Saturday **10**

元杂剧的兴盛是中国戏曲史上的高光时刻，不仅诞生了像关汉卿这样的金牌编剧，还涌现了不少表演艺术家。壁画中所展示的正是一位叫忠都秀的名伶领衔演出的表演瞬间。从戏中人物的装扮看，都穿着官服，这应该是一出宫廷剧。有一个画面细节很有意思，那就是舞台背后的上场门被掀开了半边帘子，一个圆脸的萌妹妹正观察着前台的表演，或许她是负责催场的工作人员吧。

【元】山西洪洞明应王殿元杂剧壁画

画中听乐

24/52

SUMMER

6
月
Jun.

日 / Sunday	11
一 / Monday	12
二 / Tuesday	13
三 / Wednesday	14
四 / Thursday	15
五 / Friday	16
六 / Saturday	17

先秦有一位古琴大师叫俞伯牙，《高山》《流水》就是他的代表作。俞伯牙自幼学习古琴，他的老师成连也是一位高手。传说俞伯牙学琴三年，技术已经很棒了，但始终不能领悟音乐中天人合一的超然意趣。于是，成连就把他送去东海蓬莱山，在那儿感悟山川自然。站立于山海之间，俞伯牙终于顿悟，从此成了一代琴学大师。

【元】王振鹏
《伯牙鼓琴图》局部
北京故宫博物院藏

画中听乐

25/52

SUMMER

6月

Jun.

父亲节

日 / Sunday

18

一 / Monday

19

二 / Tuesday

20

夏至

三 / Wednesday

21

端午节

四 / Thursday

22

五 / Friday

23

六 / Saturday

24

《箫韶》是一部诞生于舜时代的经典乐舞作品，人们用排箫奏出悠扬的旋律，然后跟着节奏翩翩起舞，据说每当音乐高潮处，就连凤凰也会飞下来聆听。孔子在齐国时有幸欣赏到《箫韶》的表演，陶醉不已，听完更是兴奋地写下乐评和感想，孔子说『三月不知肉味』『尽善又尽美』！这也成了我们今天评价艺术作品的最高标准。

【明】仇英画 文徵明书
《孔子圣迹图》之
《在齐闻韶图》

聽

画中听乐

26/52

SUMMER

6月 Jun. 7月 Jul.

25
日 / Sunday

26
一 / Monday

27
二 / Tuesday

28
三 / Wednesday

29
四 / Thursday

30
五 / Friday

建党节
1
六 / Saturday

孔子在卫国时，国君对他的政治主张不太感兴趣，这让孔子颇感郁闷，于是就在家里击磬解忧，正好有位拖着草筐的人从门前经过，听见磬声便说：『这音乐颇有深意呀！沉闷的声音可见奏乐的人郁郁不得志。但这又何必呢？一切随缘才好呀。』孔子感叹道：『这话说得很深刻，只可惜不容易做到啊！』的确，知行合一何其难，圣人也有此烦恼呢。

【明】仇英画　文徵明书
《孔子圣迹图》之
《击磬图》

Prefer Listening to
Music in Chinese
Ancient Books and
Paintings

画中听乐

2023
AUTUMN

画中听乐

27/52

AUTUMN

7
月
Jul.

日 / Sunday **2**

一 / Monday **3**

二 / Tuesday **4**

三 / Wednesday **5**

四 / Thursday **6**

小暑
五 / Friday **7**

六 / Saturday **8**

孔子认为，弹琴的最高境界是『得心应手』，心中有所悟，手上才会有。据说有一回，他随师襄学习一首琴曲许久，仍觉得不满意，便一再思考琢磨。直到有一天，孔子神情俨然地说：『我终于可以透过乐声感受到作者的样貌和灵魂了，此人定是贤君周文王吧！』师襄听罢，肃然起敬，回答道：『此曲正是《文王操》啊！』这个故事告诉我们，美好的音乐来自心灵深处，得心方能应手。

【明】仇英画 文徵明书

《孔子圣迹图》之《学琴师襄图》

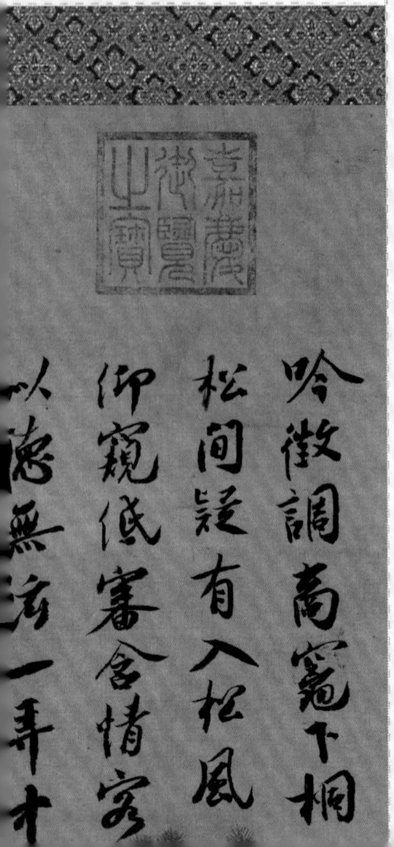

画中听乐

28/52

AUTUMN

7
月
Jul.

9 日 / Sunday

10 一 / Monday

11 二 / Tuesday

12 三 / Wednesday

13 四 / Thursday

14 五 / Friday

15 六 / Saturday

【明】仇英
《人物故事册》之
《吹箫引凤》
北京故宫博物院藏

春秋时期秦穆公的女儿弄玉擅长吹箫，后来她嫁给了同样擅长吹箫的萧史。秦穆公为了给这对音乐伉俪一展风采的机会，便修筑凤台，让他俩在这里吹箫引凤。果然，箫声一起，便有凤鸟从天而降。最后，夫妇俩双双乘凤飘然而去，做了一对神仙眷侣。这个故事大概是想告诉我们，音乐具有神奇的魔力，让人快乐似神仙。

画中听乐

29/52

AUTUMN

7月

Jul.

日 / Sunday 16

一 / Monday 17

二 / Tuesday 18

三 / Wednesday 19

四 / Thursday 20

五 / Friday 21

六 / Saturday 22

【明】仇英
《人物故事册》之
《贵妃晓妆》
北京故宫博物院藏

画作描绘的是杨玉环在华清宫晨起梳妆的情景。杨贵妃在悠扬的箜篌乐声中对镜理云鬓，窗外一位宫女正拿着琵琶走来，那是杨贵妃最擅长和喜爱的乐器。花苑内的仕女有的在浇灌牡丹，有的在采摘鲜花，竹帘外倚靠栏边的宫女正在等候着把清晨的花朵递给杨贵妃插髻装饰，还有一位宫女在逗趣宠物小狗，这是一个大唐贵妃的曼妙音乐之晨。

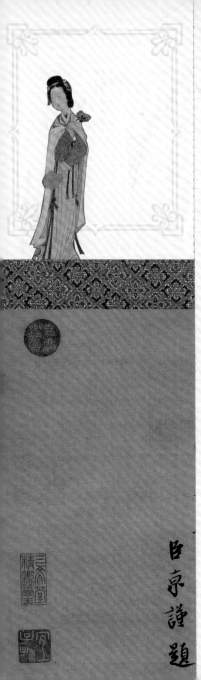

画中听乐

30/52

AUTUMN

7
月
Jul.

大暑 日 / Sunday	23
一 / Monday	24
二 / Tuesday	25
三 / Wednesday	26
四 / Thursday	27
五 / Friday	28
六 / Saturday	29

百戏表演从汉代以来一直盛行不衰，年节期间更是演出的黄金档。明代宫廷画师就描绘了元宵佳节宪宗皇帝在宫里张灯结彩，举办盛大文艺演出的场景，其中就有百戏的展示。只见城楼上花灯招展，音乐家们奏响了欢乐的乐曲，在热闹祥和的节律中，杂技演员开始了吸引眼球的高难度表演。

【明】
《明宪宗元宵行乐图》局部
中国国家博物馆藏

画中听乐

31/52

AUTUMN

7 月 Jul.

8 月 Aug.

日 / Sunday 30

一 / Monday 31

建军节
二 / Tuesday 1

三 / Wednesday 2

四 / Thursday 3

五 / Friday 4

六 / Saturday 5

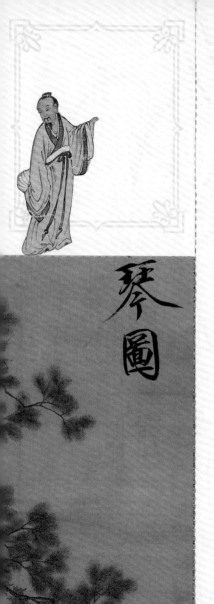

琴圖

【明】仇英

《竹林七贤图》局部

『竹林七贤』是被后世文人集体仰望的七位魏晋名士。他们各具风流，但都有追求自由的美好心灵，喜欢在竹林深处清谈云游、饮酒奏乐，这种率真的人生态度被后世称为『魏晋风度』。其中，精神领袖嵇康擅长作曲弹琴，《广陵散》是他的保留曲目。阮籍也精通音律，写下了著名琴曲《酒狂》。

画中听乐

32/52

AUTUMN

8
月
Aug.

6
日 / Sunday

7
一 / Monday

立秋
8
二 / Tuesday

9
三 / Wednesday

10
四 / Thursday

11
五 / Friday

12
六 / Saturday

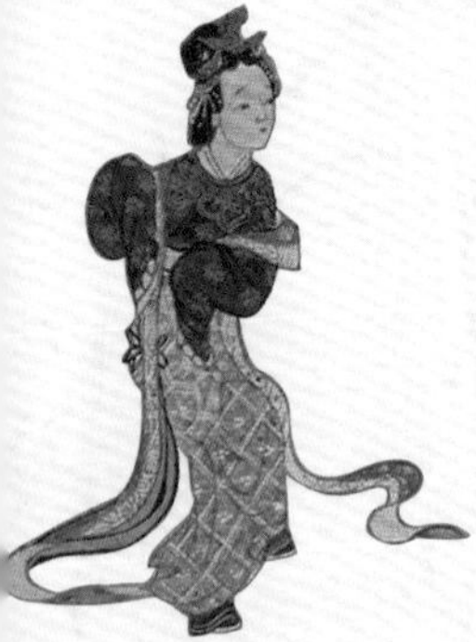

汉成帝的皇后赵飞燕是一位著名的舞蹈家，据说她身材娇小玲珑、精致纤细，身轻如燕，所以有『飞燕』这个昵称。赵飞燕跳舞善于用气，轻盈飘逸，有人形容说，她甚至可以在手掌上起舞，汉成帝还特地造了一个水晶盘，让她在盘上表演。赵飞燕创造了一种绝美舞步『踽步』，走起来犹如水上漂，今天戏曲中的碎步跑圆场或许就源于此。

【明】张居正
《帝鉴图说》之《宠昵飞燕》

画中听乐

33/52

AUTUMN

8
月
Aug.

13 日 / Sunday

14 一 / Monday

15 二 / Tuesday

16 三 / Wednesday

17 四 / Thursday

18 五 / Friday

19 六 / Saturday

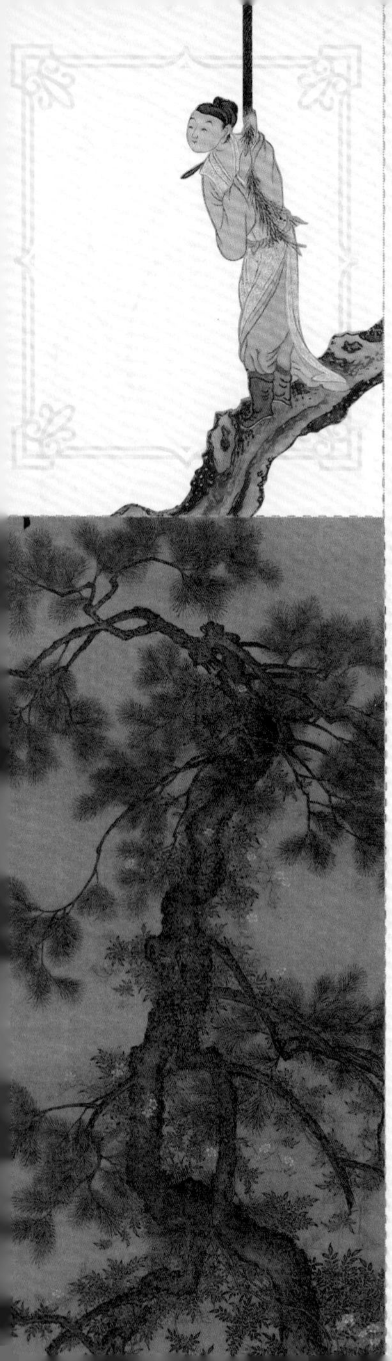

《西厢记》是戏曲舞台上流传较广的爱情故事之一。它最早来自唐代才子元稹的小说《莺莺传》，后来经过元杂剧著名作家王实甫的改编而风靡全国，成为盛演不衰的经典。剧中台词『愿天下有情人终成眷属』是一句著名的爱情宣言，也是对刻板礼教的公然反抗。一番至情确立了《西厢记》不可撼动的历史地位，并让今天的观众依然为之怦然心动。

【明】仇英
《西厢记图册》局部
美国弗利尔美术馆藏

画中听乐

34/52

AUTUMN

8
月
Aug.

日 / Sunday	20
一 / Monday	21
七夕节 二 / Tuesday	22
处暑 三 / Wednesday	23
四 / Thursday	24
五 / Friday	25
六 / Saturday	26

据说这幅画描绘的是『琴挑文君』的故事。抚琴者是汉赋大家司马相如，听琴者是卓文君。司马相如在人生最落魄的时光，凭借一曲《凤求凰》成功俘获了一代佳人卓文君的芳心。精通音律的司马相如后来进入乐府供职，与音乐家李延年合作完成了汉代最著名的大型皇家交响乐《郊祀歌》，成就了大汉音乐的辉煌。

【明】杜堇
《听琴图》

画中听乐

35/52

AUTUMN

8 月 Aug.   9 月 Sept.

27 日 / Sunday

28 一 / Monday

29 二 / Tuesday

中元节
30 三 / Wednesday

31 四 / Thursday

1 五 / Friday

2 六 / Saturday

【明】仇英
《汉宫春晓图》局部
台北『故宫博物院』藏

画作描绘的是汉代宫女的日常生活，鸟语花香、殿阁富丽，在典雅精致的宫闱中，飘荡起悠扬的乐声，宫女们从琴袋中掏出了古琴，弹筝的宫女正在上弦调音，一位宫女抱着笙拾级而上，准备加入乐队演出，琵琶、笛、箫已被奏响，伴着曼妙的旋律，舞蹈演员们翩然起舞，旁边的人拍手助兴，这真是一个充满艺术氛围的宫廷画卷。

画中听乐

36/52

AUTUMN

9
月
Sept.

3
日 / Sunday

4
一 / Monday

5
二 / Tuesday

6
三 / Wednesday

7
四 / Thursday

8
白露
五 / Friday

9
六 / Saturday

宋代活跃的城市经济带来了大众文艺的繁荣，戏曲终于在北宋诞生了。北杂剧和南戏是最早的剧种，分别集合了南北方民间音乐的精华。一桩桩寻常熟事被戏曲演员以歌舞的形式呈现，方寸舞台看尽人间百态，精彩的演绎就像一本动人的教科书，让中华民族最普世、最美好的精神价值代代相传。

【明】仇英
《清明上河图》局部
辽宁省博物馆藏

画中听乐

37/52

AUTUMN

9
月
Sept.

教师节

10
日 / Sunday

11
一 / Monday

12
二 / Tuesday

13
三 / Wednesday

14
四 / Thursday

15
五 / Friday

16
六 / Saturday

山涧飞瀑，绿树苍翠，两位高士在山林中相向而坐，一人抚琴，一人弹阮，那阮声曼妙迷人，拨动心弦，抚琴者不禁停下来细细聆听。有人说抚琴的是嵇康，弹阮的是阮咸，俩人都是魏晋时代的名士。其实不管是不是这两位，画中所传递的互为知音，在自然中逍遥奏乐的情态正是代表了中国文人所追求的美好人生况味。

【明】仇英
《停琴听阮图》
广州艺术博物院藏

画中听乐

AUTUMN

9
月
Sept.

日 / Sunday	17
一 / Monday	18
二 / Tuesday	19
三 / Wednesday	20
四 / Thursday	21
五 / Friday	22
秋分 六 / Saturday	23

『一去紫台连朔漠，独留青冢向黄昏。』『千载琵琶作胡语，分明怨恨曲中论。』昭君出塞在中国文化中是一个凄美的意象，美丽的汉家女儿怀抱琵琶远行和番，连塞外的大雁也不忍她走，纷纷落了下来。元代人把它写成了戏曲故事《汉宫秋》，世代演绎，直到今天仍然在寄托着人们对这位美丽使者的悠悠思念与历史感怀。

【明】仇英
《明妃出塞图》
北京故宫博物院藏

画中听乐

39/52

AUTUMN

9
月

Sept.

日 / Sunday 24

一 / Monday 25

二 / Tuesday 26

三 / Wednesday 27

四 / Thursday 28

中秋节
五 / Friday 29

六 / Saturday 30

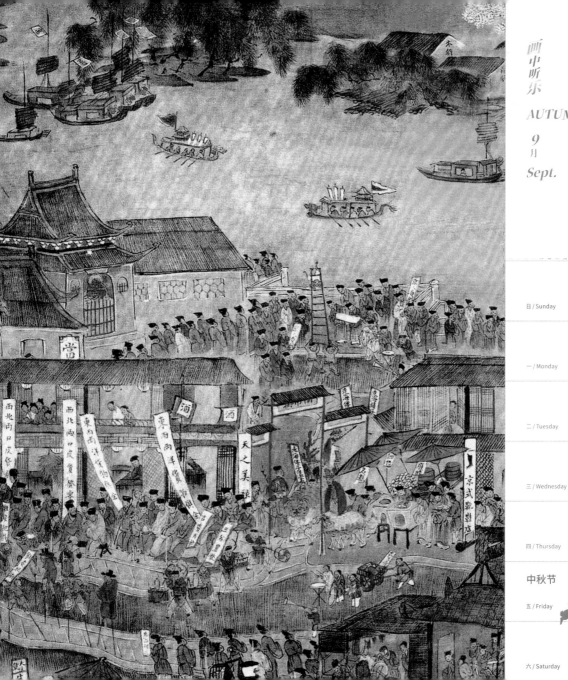

【明】仇英
《南都繁会图》局部
中国国家博物馆藏

这是万历年间南京城的繁华景象，秦淮河两岸商铺林立，热闹非凡，有一个戏台正在演剧，观者如潮。晚明时节最流行的剧种当属昆曲，它起源于江苏昆山，经过文人的润饰，成为当时一种典雅的时尚，那丝丝入扣的腔调被称为『水磨调』，相当迷人。昆曲演出总是非常受欢迎，演到精彩处，观众甚至会兴奋地齐声欢呼，就像今天人们看演唱会一样。

Prefer Listening to Music in Chinese Ancient Books and Paintings

画中听乐

2023 WINTER

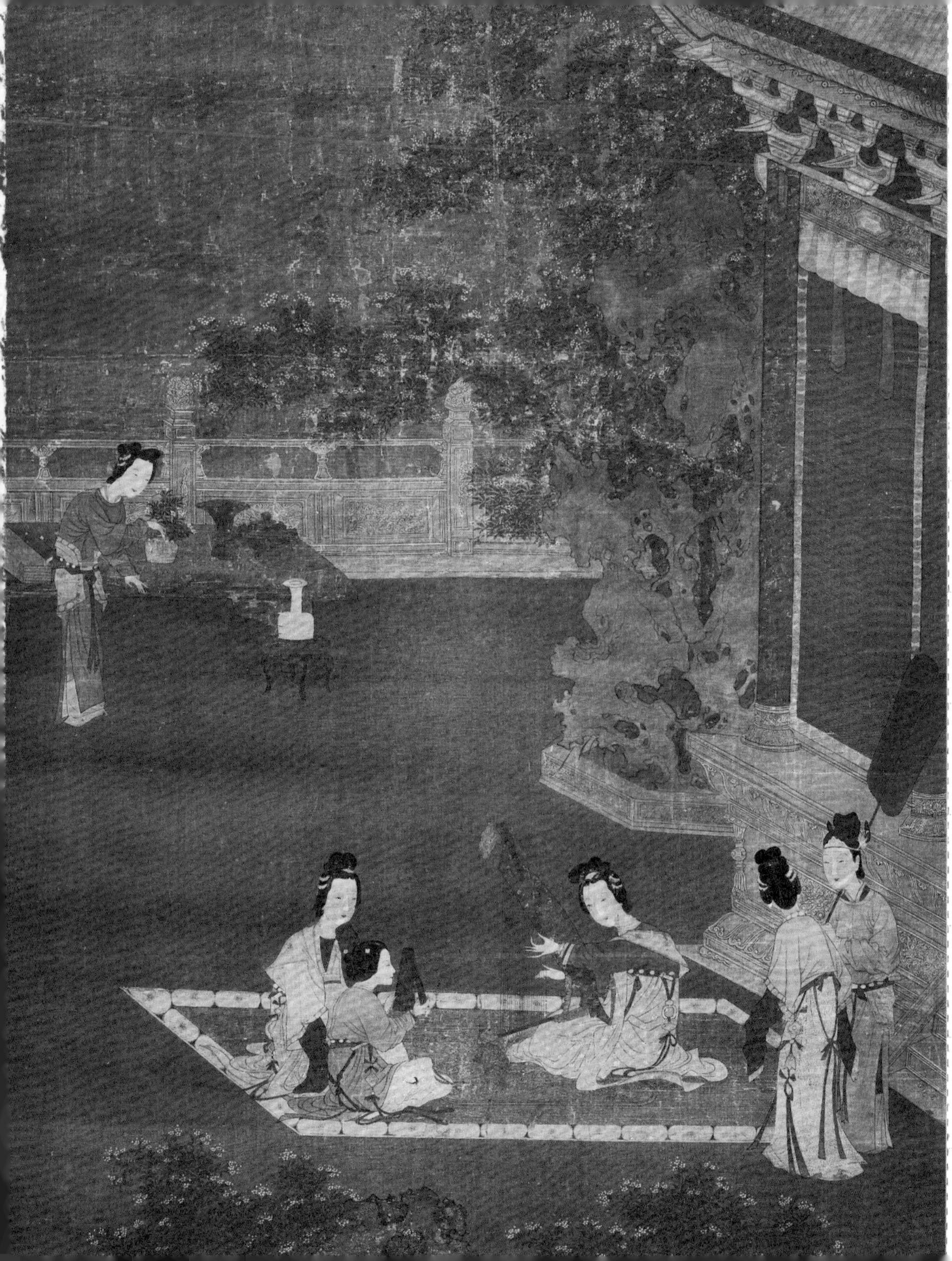

画中听乐

WINTER

40/52

10月

Oct.

国庆节

1 日 / Sunday

2 一 / Monday

3 二 / Tuesday

4 三 / Wednesday

5 四 / Thursday

6 五 / Friday

7 六 / Saturday

在精致典雅的花园中，乐声袅袅，悠扬怡人，一位女子正在拨动着箜篌的琴弦，这是一种非常古老的中国竖琴，音色柔和甜润，对面的女孩则用夹板敲击着节奏，为旋律添加迷人的律动。在一旁席地而坐的姑娘被音乐深深吸引，托腮静静聆听。周围的人也同样陶醉于其中，就连远处在拨弄花草的仕女也停下了手中的活儿，情不自禁地品赏起来。

【明】仇珠
《女乐图》轴
北京故宫博物院藏

画中听乐

41/52

WINTER

10
月
Oct.

寒露

8
日 / Sunday

9
一 / Monday

10
二 / Tuesday

11
三 / Wednesday

12
四 / Thursday

13
五 / Friday

14
六 / Saturday

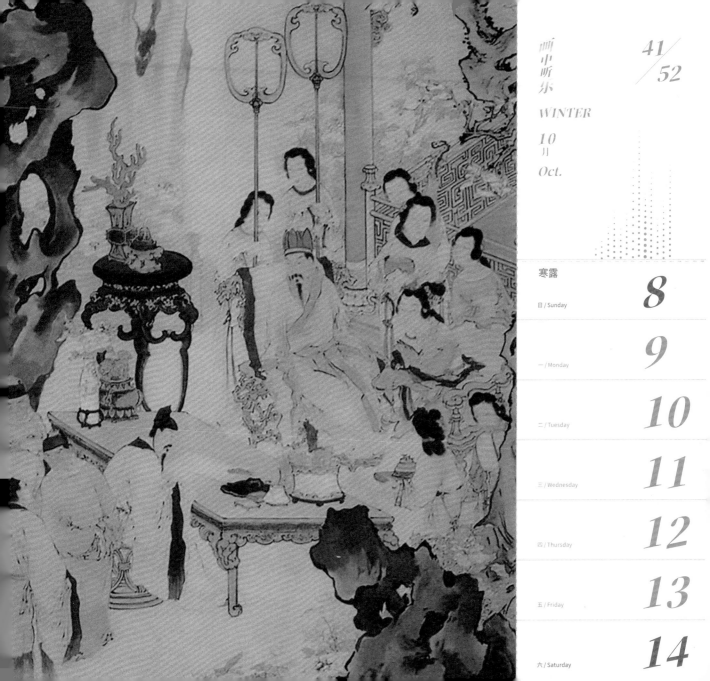

一个美好的繁花春日，唐玄宗与杨贵妃在宫中的沉香亭观赏牡丹，艺术家们在一旁歌舞助兴，唐玄宗一时兴起，说道：『赏名花，对妃子，岂可用旧日的乐词？』于是临时让李白谱写新作。趁着酒意，李白挥笔写下了名垂千古的《清平调词三首》：『云想衣裳花想容，春风拂槛露华浓……』音乐家李龟年即兴为之谱曲歌唱，花团锦簇，乐声悠扬。

【清】苏六朋

《清平调图》

广州美术馆藏

画中听乐

42/52

WINTER

10
月
Oct.

日 / Sunday 15

一 / Monday 16

二 / Tuesday 17

三 / Wednesday 18

四 / Thursday 19

五 / Friday 20

六 / Saturday 21

公务繁忙、勤政励志的雍正皇帝其实是一个没有什么娱乐生活的人，但他有一颗向往自由浪漫的心，于是乎就迷上了角色扮演，让画家把他扮成各种造型：道士喇嘛、读书雅士、山间隐士、云中仙人，甚至还有西洋贵族形象，简直就是『看我七十二变』！这幅《松涧鼓琴》中呈现的是他扮成了一位悠然奏乐的琴人在鼓琴的场景，看来皇帝也有一颗想当音乐家的心。

【清】《胤禛行乐图册》之《松涧鼓琴》北京故宫博物院藏

画中听乐

43/52

WINTER

10
月
Oct.

22
日 / Sunday

重阳节
23
一 / Monday

霜降
24
二 / Tuesday

25
三 / Wednesday

26
四 / Thursday

27
五 / Friday

28
六 / Saturday

抚琴自古便是贵族文人的生活日常，古琴演奏美学提倡天人合一、物我两忘，在和谐的音律中将生命融入自然之道，品味天籁。这幅画想表达的正是这种和合圆融的况味，一位雅士在屋内抚琴，不仅让听众凝神聆赏，也让屋外的白鹤顾首观望。鹤在中国文化中通常是高人隐士的化身，袅袅琴音中的人鹤和谐，也代表了抚琴者的高洁志趣。

【清】顾洛《鹤听琴图》

画中听乐

44/52

WINTER

10 月 Oct.

11 月 Nov.

日 / Sunday	29
一 / Monday	30
二 / Tuesday	31
三 / Wednesday	1
四 / Thursday	2
五 / Friday	3
六 / Saturday	4

扬琴也叫『洋琴』，是一种来自古代波斯的外来乐器。它的祖先是源于西亚的『桑图尔』，明代开始从海路传入我国，最初只在广东沿海一带流行，后来逐渐流传到东南沿海和中原地区，并成为说唱、戏曲的重要伴奏乐器，我国各地的琴书类说唱，比如山东琴书、四川扬琴都以它为灵魂伴侣。扬琴音色柔和且富有弹性，历经数百年的演化，它早已成为我国富有代表性的民族乐器。

【清】佚名
《彩绘中国传统乐器演奏》
外销画

画中听乐

WINTER

11
月
Nov.

日 / Sunday 5

一 / Monday 6

二 / Tuesday 7

立冬
三 / Wednesday 8

四 / Thursday 9

五 / Friday 10

六 / Saturday 11

【清】沈容圃《同光十三绝》

这是一个晚清时期京剧男子实力偶像天团的集体秀，由十三位表演艺术家组成，他们个个神采飞扬，扮成各自代表作中的人物造型，生旦净丑一应俱全，服饰精美考究，尽显行当特色。同治、光绪年间是京剧的黄金时代，名伶辈出，画中的这些剧坛大腕在戏里戏外都有不少趣闻轶事。

画中听乐

46/52

WINTER

11
月
Nov.

日 / Sunday 12

一 / Monday 13

二 / Tuesday 14

三 / Wednesday 15

四 / Thursday 16

五 / Friday 17

六 / Saturday 18

中国人历来崇尚多子多福、福泽延年，它来自农耕文明的悠久传统，代表了中华民族朴素的生命愿望。传说周文王就有很多的儿子，有『文王百子』一说，被视为祥瑞之兆，所以便有了『百子图』。画中的孩子个个生龙活虎、活泼可爱，他们有的还拿着锣、鼓、镲、唢呐这样的乐器，边走边奏，热闹极了！展现出孩童的顽皮、天真与活力，也寄托了『百子呈祥』的美好祈愿。

【清】冷枚
《百子图》局部
北京故宫博物院藏

画中听乐

47/52

WINTER

11 月

Nov.

19 日 / Sunday

20 一 / Monday

21 二 / Tuesday

22 小雪 三 / Wednesday

23 四 / Thursday

24 五 / Friday

25 六 / Saturday

乾隆皇帝是历史上出了名的艺术爱好者，写诗、听戏、收藏古董和字画，他都喜欢。甚至连西洋音乐，乾隆也热衷参与，他曾在紫禁城创办了一支西洋管弦小乐队，还在宫中上演了意大利歌剧和西洋木偶戏，玩音乐，他绝对是认真的。画中的乾隆打扮成文人的样子，正在花园的坐榻上气定神闲地演奏古琴，大约是想展示自己风雅知性的一面吧。

【清】清人画
《弘历薰风琴韵图》轴
北京故宫博物院藏

画中听乐

48/52

WINTER

11 月 Nov.　12 月 Dec.

日 / Sunday	26
一 / Monday	27
二 / Tuesday	28
三 / Wednesday	29
四 / Thursday	30
五 / Friday	1
六 / Saturday	2

升平署是清代负责筹备戏曲演出的机构，始建于康熙时代。升平署组织画师编辑绘制的戏曲人物画册分上下两部，由97幅彩绘戏曲人物写真组成，笔法精细，描摹生动，着色鲜亮，堪称京剧脸谱、服饰大全，是我们了解京剧艺术的绝佳图鉴。

【清】
清宫升平署戏画《恶虎村》
北京故宫博物院藏

WINTER

12 月 Dec.

日 / Sunday	3
一 / Monday	4
二 / Tuesday	5
三 / Wednesday	6
大雪 四 / Thursday	7
五 / Friday	8
六 / Saturday	9

传统戏曲乐队以小而精为特点，分为管弦乐和打击乐两部分，合称为『文武场』。打击乐为『武场』，主要由锣、鼓、镲和唢呐构成，多配合身段动作表演。管弦乐为『文场』，由胡琴、笛、箫、月琴等乐器构成，多衬托唱腔。这幅画描绘的是清代贵族王府中的一支戏曲乐队表演的场景，乐手们坐在铺着地毯的小戏台上，正在聚精会神地奏乐的场景。

【清】张恺
《升平雅乐图》
北京故宫博物院藏

画中听乐

50/52

WINTER

12
月
Dec.

日 / Sunday	10
一 / Monday	11
二 / Tuesday	12
三 / Wednesday	13
四 / Thursday	14
五 / Friday	15
六 / Saturday	16

唐代有一首著名的歌舞大曲叫《霓裳羽衣舞》，据说它的创作动机源于唐玄宗梦中云游仙界的感悟。此曲只应天上有，人间哪得几回闻，浪漫的唐玄宗率领梨园乐工创作了这部华丽曼妙的歌舞大作。画家任薰则用画笔描述了同一种梦幻遐想，瑶池之上云雾弥漫，众仙女正在奏响天籁，仙乐袅袅中，王母娘娘驾着彩凤、踏着祥云徐徐而来，瑰丽优雅。

【清】任薰
《瑶池霓裳图》
天津艺术博物馆藏

画中听乐

51/52

WINTER

12
月
Dec.

日 / Sunday	17
一 / Monday	18
二 / Tuesday	19
三 / Wednesday	20
四 / Thursday	21
冬至 五 / Friday	22
六 / Saturday	23

疏梅朗月，青竹秀石，烟笼水面，芳草茵茵，一位端庄典雅的女子正在岸边吹箫。箫是我国非常古老的乐器，『箫』乃形声字，通『肃』，指的是风声呼啸，箫就是可以模拟风声的竹管乐器。东晋有一位吹箫高手叫桓伊，曾为著名书法家王徽之吹箫，被传为佳话。箫的音色柔和幽雅，细腻绵长，常与古琴相配，自古以来就是国乐中富有代表性的乐器。

【清】费丹旭
《月下吹箫图》
清华大学美术学院藏

画中听乐

52/52

WINTER

12
月
Dec.

日 / Sunday 24

一 / Monday 25

二 / Tuesday 26

三 / Wednesday 27

四 / Thursday 28

五 / Friday 29

六 / Saturday 30

日 / Sunday 31

隆冬时节，银装素裹，又正值元旦，紫禁城里充满了节日的气氛，乾隆皇帝正惬意地坐在回廊中喝茶，准备稍后前往太和殿接受百官及外国使者们的朝贺觐见。音乐家们也在大殿前摆开了阵势，隆隆的建鼓、典雅的编磬、庄严的笙乐即将奏响，那是专门用于皇家庆典的中和韶乐，具有吉祥美好的寓意，表达了国泰民安、欣欣向荣的新年祈福。

【清】佚名
《万国来朝图》轴
北京故宫博物院藏